BEI GRIN MACHT SICH IHR WISSEN BEZAHLT

- Wir veröffentlichen Ihre Hausarbeit, Bachelor- und Masterarbeit
- Ihr eigenes eBook und Buch - weltweit in allen wichtigen Shops
- Verdienen Sie an jedem Verkauf

Jetzt bei www.GRIN.com hochladen und kostenlos publizieren

Jens Henschel, A. Stepanek

Marktuntersuchung im Mobilfunkbereich

GRIN Verlag

Bibliografische Information der Deutschen Nationalbibliothek:

Die Deutsche Bibliothek verzeichnet diese Publikation in der Deutschen National-bibliografie; detaillierte bibliografische Daten sind im Internet über http://dnb.d-nb.de/ abrufbar.

Dieses Werk sowie alle darin enthaltenen einzelnen Beiträge und Abbildungen sind urheberrechtlich geschützt. Jede Verwertung, die nicht ausdrücklich vom Urheberrechtsschutz zugelassen ist, bedarf der vorherigen Zustimmung des Verlages. Das gilt insbesondere für Vervielfältigungen, Bearbeitungen, Übersetzungen, Mikroverfilmungen, Auswertungen durch Datenbanken und für die Einspeicherung und Verarbeitung in elektronische Systeme. Alle Rechte, auch die des auszugsweisen Nachdrucks, der fotomechanischen Wiedergabe (einschließlich Mikrokopie) sowie der Auswertung durch Datenbanken oder ähnliche Einrichtungen, vorbehalten.

Impressum:

Copyright © 1997 GRIN Verlag GmbH
Druck und Bindung: Books on Demand GmbH, Norderstedt Germany
ISBN: 978-3-638-65431-9

Dieses Buch bei GRIN:

http://www.grin.com/de/e-book/38097/marktuntersuchung-im-mobilfunkbereich

GRIN - Your knowledge has value

Der GRIN Verlag publiziert seit 1998 wissenschaftliche Arbeiten von Studenten, Hochschullehrern und anderen Akademikern als eBook und gedrucktes Buch. Die Verlagswebsite www.grin.com ist die ideale Plattform zur Veröffentlichung von Hausarbeiten, Abschlussarbeiten, wissenschaftlichen Aufsätzen, Dissertationen und Fachbüchern.

Besuchen Sie uns im Internet:

http://www.grin.com/

http://www.facebook.com/grincom

http://www.twitter.com/grin_com

Deutsche Telekom AG – Fachhochschule Leipzig

Projektarbeit

Aufgabenstellung: Vergleich der Technik und Entwicklung der öffentlichen
Mobilfunknetze
Marktuntersuchung mittels Befragung der Bevölkerung

Eingereicht im: Juni 1997

Von: Jens Henschel

Alexander Stepanek,

Inhaltsverzeichnis

Seite

1	Aufgabenstellung und Zielsetzung	1
2	**Fachliche Problemanalyse**	1
2.1	Mobilfunknetze	1
2.1.1	Historische Entwicklung der Mobilfunknetze in Deutschland	1
2.1.2	Merkmale der Mobilfunknetze	2
2.1.3	C-Netz	3
2.1.4	D1-Netz und D2-Netz	4
2.1.5	E-Netz (PCN [DCS 1800-Standard])	6
2.2	Systeme und Standards	6
2.2.1	GSM-System	6
2.2.2	DCS 1800-System	8
2.2.3	DECT-Standard	9
2.3	Diensteanbieter im deutschen Mobilfunk	11
2.3.1	Was sind Diensteanbieter	11
2.3.2	Aufgaben des Service Providers	11
2.3.3	Endgeräte auf dem dt. TK-Markt	13
3	**Marktwirtschaftliche Betrachtungen**	**14**
3.1	Kosten und Marktstrukturen	14
3.2	Marktstrategie der dt. Telekom AG (D1)	15
3.3	Marktstrategie von Mannesmann (D2)	17
3.4	Marktstrategie von E-Plus	17
4	**Marktforschung**	17
4.1	Der Marktforschungsprozeß	18
4.2	Die Befragung	19
4.3	Markforschungsbericht	20
5	**Schlußbemerkungen**	**31**
6	**Literaturverzeichnis**	**32**

1 Aufgabenstellung und Zielsetzung

Diese Projektarbeit wurde im Rahmen des Lehrgebietes "MFFD" (mobile und feste Funkdienste) angefertigt. Wir hatten die Aufgabe die Struktur und Technik der vier vorhandenen Mobilfunknetze aufzuzeigen und zu beschreiben. Weiterhin sollten wir die gegenwärtige und zukünftige Entwicklung der Mobilfunknetze C, D1, D2 und E mittels Befragung der Bevölkerung in Leipzig und Umgebung untersuchen und auswerten.

Auf diesem Wege möchten wir unserem Betreuer Herrn Prof. Dr. N. Harthun für seine fachlich kompetente Hilfe danken. Ebenfalls bedanken wir uns bei Herrn Prof. Dr. D. Bormann, der uns im Fachbereich "Marketing" bei unserer Marktforschung zur Seite stand.

2 Fachliche Problemanalyse

In diesem ersten Teil unserer Projektarbeit möchten wir die Struktur, Technik und historische Entwicklung der verschiedenen Mobiltelefonnetze beschreiben. Desweiteren wollen wir den allgemeinen Aufbau der Systeme und Standards untersuchen und erklären. Am Ende dieses technischen Teils gehen wir etwas näher auf Diensteanbieter und Endgeräte auf dem deutschen TK-Markt ein.

2.1 Mobiltelefonnetze

Die Mobilkommunikation ist einer der am schnellsten wachsenden Bereiche der Kommunikationsindustrie. Bereits heute existierende bzw. in Planung oder Aufbau befindliche Funknetze decken eine Vielzahl von Anwendungen und Funkdiensten ab. Dabei unterscheiden sich die Netze in den den Benutzern angebotenen Diensten, den technischen Grundlagen und Einsatzmöglichkeiten.

2.1.1 Historische Entwicklung der Mobilfunknetze in Deutschland

Die Anfänge des öffentlichen beweglichen Landfunkdienstes in Deutschland reichen bis in die Zeit vor dem zweiten Weltkrieg zurück. So war es 1926 den Fahrgästen der

Bahnstrecke Berlin-Hamburg möglich, vom Zug aus Telefonate in das öffentliche Fernsprechnetz zu führen. Als im Jahre 1958 ein einheitliches Selektivrufverfahren eingeführt wurde, begann die Zeit der Mobilfunknetze A1 und A2. Später kam noch das A3-Netz hinzu. Im Jahre 1972 wurde das Mobilfunknetz B eingeführt, das wesentlich mehr Komfort und Leistung bot. Hier mußte ein potentieller Anrufer noch wissen, im Bereich welcher Funkstation sich der anzurufende Teilnehmer befand. Die dt. Bundespost schrieb im Jahre 1979 die Entwicklung eines neuen Funktelefonsystems aus. Das Mobilfunknetz C ging im September 1985 in den Probebetrieb. Der endgültige Betrieb wurde im Mai 1986 aufgenommen.

Da sich zu Beginn der achtziger Jahre der Trend zu vielen nationalen und inkompatiblen Funknetzen abzeichnete, wurde die "Groupe Special Mobile (GSM)" gegründet.

Nachdem man sich auf ein geeignetes digitales Funkübertragungsverfahren einigen konnte, begannen im Jahre 1987 die Detailspezifikationen.

Es wurde ein Memorandum beschlossen, das die Bereiterklärung der beteiligten Staaten enthielt, den Mobilfunk nach den Empfehlungen der GSM einzuführen. In Deutschland wurden zwei Netze nach den GSM-Empfehlungen aufgebaut. Es ist dies einmal die jetzige "dt. Telekom AG" (Netz D1) und zum zweiten die "Mannesmann Mobilfunk GmbH" (Netz D2). Die Mobilfunknetze D1/D2 wurden 1992 und das E-Netz 1994 in Betrieb genommen.

2.1.2 Merkmale der Mobiltelefonnetze

Das Funktelefon ist der wirtschaftlich bedeutendste Bereich des Mobilfunks. Es ermöglicht normale Telefongespräche zwischen einer Mobileinheit (Autotelefon, tragbares oder Handgerät) und jedem beliebigen Teilnehmer, der an das allgemeine Telefonnetz (mobil oder stationär) angeschlossen ist. Zusätzlich sind bei den neueren technischen Systemen (insb. Netze D und E) auch Datenübertragung, Telefax etc. möglich.

Die Netze C, D und E sind zellular aufgebaut, das heißt, das gesamte Versorgungsgebiet ist in kleinere (in Ballungsräumen) und größere (in ländlichen Gebieten) Funkzellen aufgeteilt, die jeweils von einer Basisstation versorgt werden. Die typische Zellengröße ist allerdings auch zwischen den verschiedenen Systemen sehr unterschiedlich. Das C-Netz hat durchschnittlich relativ große, das D-Netz kleinere und das E-Netz (PCN) sehr kleine Zellen. Das Zellularprinzip dient der effizienteren Ausnutzung des knappen Frequenzspektrums.

Die folgende Tabelle zeigt einige Merkmale der Funktelefon-Netze in Deutschland:

	C-Netz	D-Netze	E-Netz
eff. Einführung	seit 1985	seit 1992	seit 1994
System/Frequenz	C-450	GSM-900	DCS-1800
analog/digital	analog	digital	digital
typ. Zellengröße	Großzellen	Kleinzellen	Mikrozellen
typ. Endgeräte	Autotelefon	Auto / Handy	insb. Handy
Sendestärke	mittel	klein	sehr klein
Frqz.-Kapazität	klein	mittel / groß	sehr groß
Versorgung	nahe 100%	über 95%	bis 95%
Anbieterzahl Betreiber	1 Telekom AG	2 Telekom AG Mannesmann	1 E-Plus
intramodale Marktstruktur Wettbewerb	Monopol nein	Dyopol ja	z.Z. Monopol nein
Wettbewerb insg. - bis 1991 - ab 1992 - ab 1994	auf dem Funktelefon-Markt nein moderat zwischen C- und D-Netzen intensiv insb. zwischen D- und E-Netzen (PCN)		

2.1.3 C-Netz

Das System C-450 der Firma Siemens, mit dem das deutsche C-Netz realisiert wurde, ist das modernste aller bisher weltweit errichteten analogen, zellularen Mobilfunksysteme. Seit Inbetriebnahme stieg die Teilnehmerzahl kontinuierlich an und erreichte 1993 mit über 800.000 Teilnehmern ihren Höhepunkt. Nach Einführung der GSM-Netze D1 und D2 sowie von E-Plus sind im C-Netz sinkende Teilnehmerzahlen zu verzeichnen. Beim C-Netz werden die Sprachsignale analog übertragen. Die Signalisierungsinformation, d.h. Meldungen zum Verbindungsauf- und abbau etc., werden digital übertragen. Das C-Netz ist in Deutschland und in Portugal jeweils landesweit eingeführt. Es ist für 800.000 Teilnehmer ausgelegt.

Leistungsmerkmale des Systems C-450

Frequenzbereich	450 - 465 MHz
Sprechkanäle (Duplexkanäle)	287
Duplexabstand	10 MHz
Kanalraster	20 / 25 KHz
Versatzkanäle	10 / 12,5 KHz
Zellradius	2 – 30 km
Seperater Signalisierungskanal	ja (Organisationskanal OgK)
Signalisierung	digital (CCS No.7)

- Adaptive Leistungsanpassung (Dynamik 35 dB / acht Stufen)
- Zellgrenzdetektion durch indirekte Entfernungsmessung
- Guter Grad der Abhörsicherheit durch Sprachverschleierung (Frequenzbandinversion)
- Notrufe mit Priorität
- Warteschlangenbetrieb
- Automatisches Roaming im gesamten Funknetz
- Netzzugang mit Chipkarte

Ein großer Nachteil, der später mit der Einführung der GSM-Standardisierung beseitigt wurde, ist die Inkompatibilität der analogen Systeme in Europa. Sie sind nur innerhalb der jeweiligen Landesgrenzen verfügbar. Zur Zeit sind in Europa noch sechs verschiedene analoge Mobilfunksysteme in Betrieb.

2.1.4 D1-Netz und D2-Netz (GSM-Standard)

Die beiden D-Netze nahmen 1992 in Deutschland den öffentlichen Mobiltelefon-Dienst innerhalb des paneuropäischen GSM-Netzes auf. Eine Flächendeckung von über 98% ist bei beiden D-Netzen mittlerweile erreicht. Bis Ende der 90er Jahre werden in Europa mindestens 10 Millionen, in Deutschland über zwei Millionen Teilnehmer angestrebt. Das D1-Netz wird von der "dt. Telekom AG" und das D2-Netz von der "Mannesmann Mobilfunk GmbH" betrieben. Als wichtigste technische Neuerung der GSM-Netze wird die digitale Übertragung auf den Nutzkanälen angesehen. Obwohl das Netz für die Sprachübertragung optimiert wurde und dies auch als der wichtigste Dienst angesehen wird, ermöglicht die digitale Übertragung deutlich bessere Möglichkeiten zum Datentransfer als die analogen Techniken in den bisher bestehenden Funknetzen. Im Abschnitt 2.2.1 wird näher auf das GSM-System eingegangen.

D1-Netz

Das D1-Netz ist das beste und mit einer großen Leistungspalette versehene Mobil-Telefonnetz der "dt. Telekom AG".
Dieser Anspruch gründet auf folgende Argumente:

- D1 entspricht dem modernsten internationalen Standard, den die "dt. Telekom AG" maßgeblich mitgestaltet hat.
- D1 ist zuverlässig und sicher. Die Flächenpräsenz der "dt. Telekom AG" garantiert überall kurzfristige Entstörungsmaßnahmen.
- "Telekom" besitzt ein Höchstmaß an Know-How bei allen TK-Diensten und stellt so die optimale Verknüpfung der verschiedenen Dienste und Leistungsmerkmale sicher.
- Das D1-Netz ist zukunftssicher, da seine Leistungsmerkmale ständig weiterentwickelt werden und "Telekom" bei der Gestaltung in den internationalen Gremien intensiv mitarbeitet.

D2-Netz

Dieses D-Netz arbeitet genauso wie das D1-Netz der "dt. Telekom AG" nach dem GSM-Standard. Es wird von der "Mannesmann Mobilfunk GmbH" betrieben, die gleichzeitig den Konkurrenten der "dt. Telekom AG" im Dyopol darstellt.
Seit dem D2-Start telefonieren D2-Kunden in digitaler Qualität, damit weitgehend störungsfrei. Notrufdienste sind kostenlos, Zusatz-Angebote richten sich verstärkt nach den Bedürfnissen spezieller Kundengruppen. Solche Zusatzdienste die prinzipiell jedem Kunden offen stehen, sollen beispielsweise branchenbezogene Nachrichten- und Informationsdienste, Datendienste und besondere Services sein, aber auch die Möglichkeit Computer miteinander kommunizieren zu lassen.

Telefax, Btx und Teletex können angeschlossen werden.

Die Kunden verfügten bereits beim D2-Start über folgende Dienste:

- D2-Handvermittlung, D2-Fluginformationen, D2-Hotelreservierung, D2-Reiseservice, D2-Pannendienst, D2-Verkehrsinformation und (kostenlos) die D2-Kundeninformationen unter der Nummer 0172-1212.

2.1.5 E-Netz (PCN [DCS 1800-Standard])

Im Februar 1993 wurde in Deutschland eine dritte Lizenz für ein digitales Mobilfunknetz erteilt, das im Frequenzspektrum von 1800 MHz betrieben wird und dem PCN-Mobilfunkstandard DCS 1800 zugrunde liegt. Das Netz ging im Frühjahr 1994 in Betrieb, um bis Ende 1997 für 98% der Bevölkerung erreichbar sein. Das private Betreiberkonsortium, dem die Lizenz erteilt wurde, besteht aus elf Firmen. Die Hauptaktionäre sind die "Thyssen AG" und die "Veba AG" mit jeweils 28% Geschäftsanteilen. Das neue Netz führt den Namen "E-Plus". Deutschland ist mit dem E-Plus-Netz nicht das einzige Land, in dem ein Mobilfunknetz nach dem DCS 1800-Standard aufgebaut wird. In Großbritannien ist das sogenannte "One 2 One"-Netz (Betreiber Mercury) bereits seit September 1993 in Betrieb.

2.2 Systeme und Standards

In diesem Abschnitt werden die zukunftsträchtigen Mobilfunksysteme GSM, PCN und DECT beschrieben und gegenübergestellt.

2.2.1 GSM-System

In Deutschland wurden die GSM-basierten Mobilfunktelefonnetze D1 (DeTeMobil) und D2 (Mannesmann Mobilfunk) 1992 in Betrieb genommen.

Von den bestehenden anderen europäischen zellularen Mobilfunksystemen unterscheiden sich die Mobil-Telefonnetze auf Basis des GSM-Standards durch die folgenden Merkmale:

- europaweite Versorgung
- europaweite Standardisierung
- digitale Übertragung
- weitgehende ISDN-Kompatibilität
- verbesserter Schutz gegen Mithören
- Unterstützung von Datendiensten

Im GSM ist ein maximaler Funkzellenradius von 35 km möglich. Der minimale Funkzellenradius beträgt ca. 250 m. Im GSM können drei Funkzellengrößen mit den angegebenen Radien unterschieden werden:

- Großzellen: 10 bis 30 km
- Kleinzellen: 1 bis 3 km
- Mikrozellen: 100 bis 300 m.

Zwei Frequenzbänder sind europaweit für die GSM-Systeme vorgesehen. Man unterscheidet hierbei zwischen dem Oberband und dem Unterband. Im Oberband findet die Übertragung von der Sende- und Empfangsstation (BTS) zum mobilen Endgerät statt, im Unterband die Übertragung vom mobilen Endgerät zu BTS. Im Unterband wird der Frequenzbereich von 890 - 915 MHz, im Oberband der Frequenzbereich von 935 - 960 MHz genutzt. Damit steht im GSM eine Bandbreite von 2*25 MHz zur Verfügung, womit bei einem Kanalraster von 201,6 kHz insgesamt 124 Trägerfrequenzen eingerichtet werden. Diese werden in Deutschland auf die beiden Netze D1 und D2 aufgeteilt. D2 kann die Kanäle 1-12, 50-80 und 104-119 nutzen, D1 die Kanäle 13-49 und 81-103.

Jeder Träger nutzt eine Bandbreite von 200 kHz; zur Modulation wird eine GMSK verwendet. Mit Hilfe des Zeitmultiplexverfahrens TDMA wird jede einzelne dieser Trägerfrequenzen mehrfach genutzt. Hierdurch entstehen je Kanal 8 Zeitschlitze, die sich ständig wiederholen und den TDMA-Rahmen bilden. In jedem der 8 Zeitschlitze wird ein Nutzkanal untergebracht. Jeder Nutzkanal unterstützt eine Brutto-Datenrate von 22,8 kbit/s, wovon zur Übertragung der Sprache allerdings nur 13 kbit/s genutzt werden können. Die restlichen Daten stehen der Sicherung (Fehlererkennung) zur Verfügung.

Um mit der geringen Datenübertragungsrate von 13 kbit/s noch eine zufriedenstellende Sprachqualität zu erreichen, wird eine RPELPT-Sprachcodierung verwendet. Zur Sicherung eines Handovers (Gesprächsweiterleitung) sollte der Teilnehmer eine Geschwindigkeit von rund 250 km/h nicht überschreiten.

Im GSM werden eine Reihe von Diensteübergängen ermöglicht:

- PSTN
- ISDN
- X.25 / Datex-P
- Datex-J / Btx
- X.400

Neben der optimierten Sprachübertragung ist auch eine Datenübertragung im GSM möglich. Damit die Basestation (BTS) und die Mobile Switch Center (MSC) erkennen, ob es sich bei dem eingehenden Datenstrom um Sprache oder Daten handelt, wurden entsprechende Codes im System implementiert.
Neben der Daten- und Faxübertragung im Verkehrskanal bieten die GSM-Netze noch den Short Message Service (SMS-Kurznachrichtendienst), bei dem die Signale im Organisationskanal übertragen werden. SMS dient der Übermittlung von bis zu 160 alphanumerischen Zeichen von oder zum mobilen Teilnehmer.

2.2.2 DCS-1800-System (Digital Cellular System-1800)

DCS-1800 ist ein GSM Derivat. In weiten Teilen sind die Standards gleich, so daß DCS-1800 im folgenden etwas kürzer dargestellt wird.
Die Zahl 1800 wird deswegen hinzugesetzt, weil diese Systeme die Frequenzen im 1800 MHz-Bereich nutzen. Die Standardisierung des DCS-1800 wurde im Januar 1991 beendet.
In Deutschland hat der Bundesminister für Post und Telekommunikation (BMPT)

nach Abschluß des Lizenzvergabeverfahrens die Lizenz für den Aufbau und Betrieb eines Mobilfunknetzes auf der Basis des DCS-1800 Standards an "E-Plus" vergeben. Mit "E-Plus" wuchs die Zahl der Betreiber zellularer Mobilfunktelefonnetze auf drei und die Zahl der zellularen Mobilfunktelefondienste auf vier.
Genau wie in den GSM-Netzen ist die maximale Teilnehmerkapazität abhängig vom Ausbau des Netzes und der Zellgröße. Die flächendeckende und zusammenhängende Versorgung soll durch Zellgrößen mit einem Radius von 400 m bis 8 km erreicht werden. Zur Versorgung von Bereichen mit hoher Verkehrsdichte, sogenannten Hot Spots, können Mikrozellen mit einem Radius von 150 m errichtet werden.

In der Lizenz hat "E-Plus" 2*15 MHz im 1,8 GHz-Bereich zugeteilt bekommen. 2*60 MHz sind entspr. der Teilnehmerentwicklung für Erweiterungen vorgesehen. Betrachtet man die relativ geringen Leistungsklassen der Mobilstationen, die im Bereich zwischen 250 mW und 2 W liegen, im Zusammenhang mit der relativ geringen Zellgröße, so kann man darausschließen, daß das DCS-1800-Netz für den Betrieb von sogenannten Handies ausgelegt ist.

Das Handover in den DCS-1800-Netzen entspricht dem der GSM-Netze. Aufgrund der Zellgröße muß die maximale Geschwindigkeit des Teilnehmers jedoch wesentlich geringer sein. Sie sollte ca. 130 km/h nicht überschreiten.

DCS-1800 bietet die gleichen Diensteübergänge wie GSM. (Siehe 2.2.1)
Ebenso sind die Übertragungsgeschwindigkeiten für Sprache, Fax und Daten mit denen im GSM gleich. Auch die SMS-Funktionalität ist identisch.

2.2.3 DECT-Standard (Digital European Cordless Telekommunications)

Das herausragende Leistungsmerkmal des DECT-Standards ist die Möglichkeit, komplexe Systeme mit vielen Teilnehmern in untereinander verbundenen Funkzellen auf begrenztem Raum aufbauen zu können. DECT ermöglicht also eine Kommunikation in der Umgebung von öffentlichen Funkstationen, im Heim- und im Bürobereich. Der Teilnehmer kann mit seinem persönlichen DECT-Endgerät in allen drei Anwendungsfeldern kommunizieren.
Um sehr große Verkehrsdichten zu erreichen, müssen sehr kleine Zellen aufgebaut,

betrieben und verwaltet werden können. Weiterhin sind entsprechende Roaming- und Handoverfunktionen notwendig.

Für Systeme nach dem DECT-Standard ist ein Frequenzband von 20 MHz im Frequenzband zwischen 1,88 und 1,9 GHz vorgesehen. Dieses wird in 10 Frequenz-Kanäle unterteilt.

Das System wird sowohl auf Daten- als auch auf Sprachübertragung ausgelegt. Dies wird dadurch erleichtert, daß die Übertragung sowohl der Steuerfunktion als auch der Nutzdaten digital erfolgt.

Folgende Merkmale werden durch dieses System unterstützt:

- Erstklassige Sprachqualität
- Hohe Abhörsicherheit
- Identifikation der Teilnehmer sowie der Fest- und Mobilstationen
- Keine unberechtigte Nutzung der Fest- und Mobilstationen
- Dynamische Kanalauswahl
- Behandlung von Gleichkanalstörungen
- Aufbau zellularer Netze
- Sehr hohe Verkehrsdichte
- Unterbrechungsfreier Kanalwechsel (Seamless Handover)
- Schneller Verbindungsaufbau innerhalb von 50 ms
- Datenübertragung usw.

DECT-Leistungsmerkmale:

- Sprachübertragung   digital
- Kanalzahl   120 Duplexkanäle
- Kanalraster   1728 kHz
- Zugriffsverfahren   TDMA (Time Division Multiple Access)
- Übertragungsrate   1152 kbit/s
- Frequenzen   1880-1900 MHz
- Duplexverfahren   Zeitduplex (TDD), Rahmenlänge 10 ms
- Sendeleistung   10 mW mittlere Leistung
- Reichweite   max. 200 m im Freien, ca. 30 m in Gebäuden

2.3 Diensteanbieter im deutschen Mobilfunk

2.3.1 Was sind Diensteanbieter ?

Diensteanbieter (Service Provider) sind Privatunternehmen, die neben dem Gerätevertrieb in erster Linie die Mobilfunkdienste der Netzbetreiber auf eigene Rechnung und teilweise mit eigener Vertriebsorganisation an den Endkunden vermarkten. Service Provision stellt ein Vertriebssystem für Mobilfunkdienste von Netzbetreibern dar.

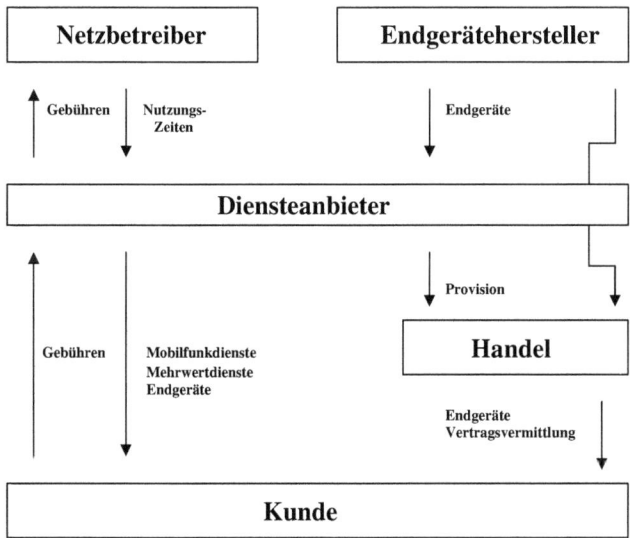

Bild: Die Rolle des Diensteanbieters im Vertriebssystem

2.3.2 Aufgaben des Service Providers

Der Service Provider übernimmt im Vertriebskanal die Rolle des Marktmittlers zwischen Netzbetreiber und Endverbraucher. Im Wettbewerb mit anderen Diensteanbietern soll ein möglichst umfangreiches, kundenorientiertes Angebot an Grund-, Zusatz- und Mehrwertdiensten sowie Endgeräten zur Verfügung gestellt werden.

Zum Absatz seiner Dienste bedient sich der Service Provider neben eigenen Vertriebsniederlassungen aller relevanten Absatzkanäle: Funkfachhandel, KFZ-Handel und –Gewerbe, Autoradiohandel, Fachmärkte etc..

Das Ziel aller Service Provider ist es, einen möglichst großen, umsatzstarken und loyalen Abonnentenstamm aufzubauen, dessen Gebührenaufkommen für den wirtschaftlichen Erfolg des Diensteanbietergeschäfts entscheidend ist. 75 bis 80 % dieses Gebührenaufkommens werden an den Netzbetreiber weitergegeben, die restlichen 20 bis 25 % verbleiben als Marge beim Service Provider.

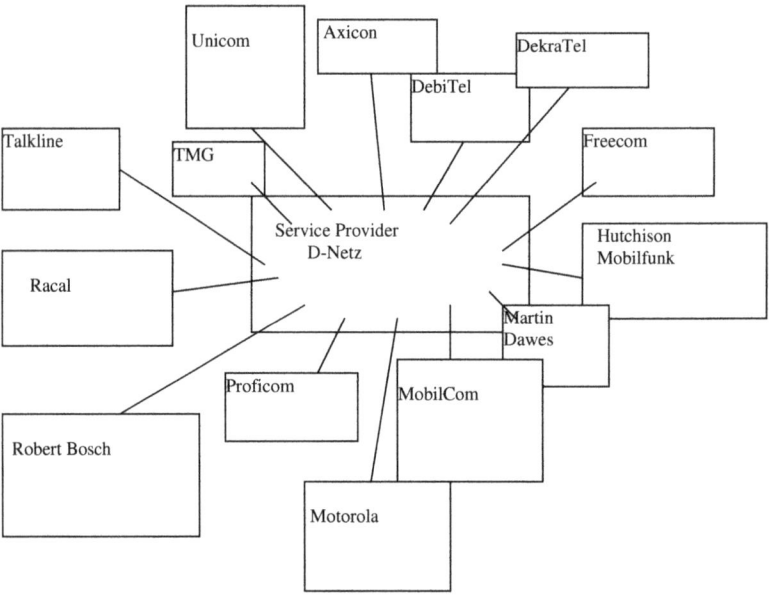

Bild: Die Service Provider im D-Netz

2.3.3 Endgeräte auf dem deutschen TK-Markt

Die Jahre 1991/1992 markieren für den Markt der Mobilfunk-Endgeräte einen entscheidenden Umbruch: aus einer Vielzahl voneinander getrennter Märkte für Funktelefone (und andere Endgeräte, wie z.b. mobilen Faxgeräten, Laptops, Datenerfassungsterminals usw.) entsteht ein einheitlicher europäischer Markt.

Die Aussichten für die Verbraucher sind erfreulich. Bedeutet doch ein einheitlicher europäischer Markt für Endgeräte mehr Wettbewerb, sinkende Gerätepreise, Einsatz von Funktelefonen über die Landesgrenzen hinweg, zusätzliche Dienste zur Sprachkommunikation.

Zusätzlich stimulierende Faktoren für ein schnelles Wachstum in Deutschland sind die neuen Bundesländer, in denen der Bedarf nach mobiler Funkkommunikation angesichts des immernoch unzulänglichen leitungsgebundenen Telefonnetzes erheblich ist, sowie die Tatsache, daß die Deutschen "Europameister unter den Geschäftsreisenden" sind.

Aufbau und Funktionen schnurloser Telefone

Bei dieser Art von Telefonen wird auf das Kabel zwischen Hörer und dem übrigen Endgerät verzichtet. Somit entstehen zwei Teilsysteme, nämlich zum einen die Basisstation, auch Feststation genannt, und zum zweiten die Mobilstation. Als gängigere Bezeichnung für die Mobilstation steht heute der Begriff Handy. Im Gegensatz zu schnurgebundenen Telefonen wird in den Hörer (die Mobilstation) und in die Basisstation eine Sende- und Empfangseinheit integriert.

Bei schnurlosen Telefonen läßt sich grundsätzlich zwischen Ein-Zellen-Systemen und Mehr-Zellen-Systemen unterscheiden. Erstere bestehen aus nur einer Basisstation, die den gesamten Bereich, in dem telefoniert werden soll, funktechnisch versorgt. Sie eignen sich vor allem für private Anwendungen (Haus mit großer Gartenfläche). Mehrzellige Systeme sind in erster Linie für geschäftliche Zwecke konzipiert worden. Das E-Netz wurde aber im Gegensatz zu den D-Netzen schon hauptsächlich für die private Nutzung eingeführt.

Mehrzellige Systeme bestehen aus einer Anordnung mehrerer Basisstationen, die über einen Funk-Controller an eine Nebenstellenanlage angeschlossen sind. Die Basisstationen werden dabei gleichmäßig über das abzudeckende Gebiet installiert.

Folgende Merkmale können bei Mehr-Zellen-Systemen unterstützt werden:

Handover: Damit wird die Möglichkeit bezeichnet, während eines Gepräches die Funkzelle zu wechseln, ohne daß das Gespräch unterbrochen wird. Die Verbindung wird automatisch von einer Basisstation zu nächsten weitergereicht.

Roaming: Jede Mobilstation ist unter einer eigenen Nummer erreichbar und kann in einer Funkzelle lokalisiert werden. Damit ist eine ständige Erreichbarkeit innerhalb des gesamten Versorgungsgebietes gewährleistet, unabhängig vom Aufenthaltsort des Nutzers.

Interngespräche: Jede Mobilstation kann von einer anderen Mobilstation angerufen werden, unabhängig davon, in welcher Funkzelle sich die Mobilstationen aufhalten.

Gesprächsübergabe: Jede Mobilstation kann ein Gespräch an eine andere Mobilstation weiterleiten, unabhängig davon, in welcher Funkzelle sich die beteiligten Mobilstationen aufhalten.

3 Marktwirtschaftliche Betrachtungen

3.1 Kosten und Marktstrukturen

Analog zu vielen anderen Telekommunikations-, Verkehrs- und Versorgungsbereichen sind die Kosten der Mobilfunk-Infrastruktur durch die Existenz von Dichtevorteilen gekennzeichnet, die einen Spezialfall der Economies of Scale darstellen.

Sie sind charakterisiert durch abnehmende langfristige Durchschnittskosten (LDK) bei größeren Produktionsmengen (Gesprächsaufkommen) im gleichen Versorgungsgebiet. Dies bedeutet, daß z. B. bei einer Verdopplung der Gesprächseinheiten, die Kosten für Basisstationen, Leitungen, Wartungspersonal etc., um weniger als den Faktor 2 zunehmen.

Wenn solche Dichtevorteile quantitativ gravierend sind und noch in einem Mengenbereich existieren, der einen wesentlichen Teil des gesamten Marktvolumens ausmacht, dann würde die Existenz einer großen Zahl von Anbietern auf einem solchen Markt zu einer volkswirtschaftlichen Ressourcenverschwendung durch ungenutzte Scale Economies führen.

Bei den D-Netzen wird das Marktvolumen außer durch die Nachfragefunktion noch durch die verfügbaren Frequenzen begrenzt. Man kann davon ausgehen, daß sich unter Wettbewerbsbedingungen in der Marktstruktur die Zahl der Anbieter nicht mehr erhöht. Diese Vermutung liefert auch die Begründung, daß die Regulierungsbehörden die Zahl der Lizenzen beim D-Netz in Deutschland auf zwei begrenzt haben, sofern überhaupt ein Wettbewerb zugelassen wurde.

Ein weiteres Merkmal von Infrastruktureinrichtungen hängt ebenfalls mit den Dichtevorteilen zusammen, nämlich die Kostenunterschiede zwischen städtischen und ländlichen Gebieten. Die Versorgung Letzterer führt in der Regel zu weit höheren Stückkosten. Dies führt in unregulierten Märkten zu entsprechend höheren Preisen und gegebenenfalls auch zu einer Nichtversorgung dünnbesiedelter Gebiete.

Die beiden D-Netzbetreiber in Deutschland haben in den ersten Jahren hohe Investitionen in den Aufbau der Netze und die Marktentwicklung tätigen müssen, während die entsprechenden Erlöse erst für die nachfolgende Phase erwartet wurden.
Für eine zusätzliche Unsicherheit in ihrem Erlöskalkül sorgten die zukünftigen Konkurrenznetze, insbesondere die Personal Communikation Networks (E-Netz), die in direkter Konkurrenz zu den GSM-Netzen stehen.

3.2 Marktstrategie der dt. Telekom AG (D1)

Die Marktstrategie der "dt. Telekom AG" für D1 orientiert sich an den nachstehenden Eckpunkten.

Das Oberziel lautet Erringung der Marktführerschaft. Daraus leiten sich ab:

- Schnelle Marktpenetration durch forcierten Netzaufbau
- Sicherstellung einer hohen Dienstgüte
- Angebot einer breiten Dienstleistungspalette
- Angebot eines günstigen Kosten-/Nutzenverhältnisses
- qualifizierte Beratung und Service
- objektive Darstellung der Abgrenzung der verschiedenen Mobilfunkdienste der "dt. Telekom AG" untereinander und insbesondere gegenüber D1
- Nutzung neuer Vertriebswege
- Nutzung aller Marketinginstrumente zur intensiven Marktbearbeitung

Nur die Nutzung neuer und aller sich bietenden Absatzwege erlaubt der "dt.Telekom AG", im Mobilfunk-Wettbewerb zu bestehen. Die dynamische Nachfrage fordert eine flexible Marktbearbeitung, die das Großunternehmen "Telekom", das erstmals mit einem intensiven Wettbewerb konfrontiert wurde, allein nicht leisten kann.

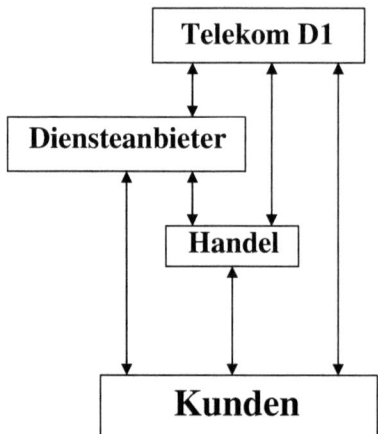

Bild: Hier werden die drei Hauptvertriebswege der "dt. Telekom AG" für den D1-Dienst dargestellt. (Telekom-Direktvertrieb, Vertrieb über den Handel, Vertrieb über Diensteanbieter)

3.3 Marktstrategie von Mannesmann (D2)

In Deutschland war die Penetrationrate für Mobilfunk in den analogen Netzen sehr gering. Deshalb bestand die Notwendigkeit, den Markt für neue Kundengruppen zu öffnen. Vorteile des mobilen Telefonierens mußte man den Kunden erläutern, ihnen mußte der Umgang mit dem für sie neuen Dienstleistungsangebot nahegebracht werden. Anwendungsmöglichkeiten und Nutzen mußten adressatenorientiert erarbeitet und mit Hilfe eines damit korrespondierenden Marketing-Mixes öffentlich gemacht werden.

Alle Angebote von "Mannesmann Mobilfunk" werden unter der kommunikativen Dachbezeichnung "D2 privat" angeboten. Besonders für "Mannesmann Mobilfunk" ist bei der Entwicklung von Mehrwertdiensten ausschlaggebend, welche Bedürfnisse der Kunde von Morgen hat. Für den Markterfolg von "D2 privat" ist entscheidend, wie es gelingt, den Sympathiebonus, den "Mannesmann Mobilfunk" als privates Unternehmen hat, zu rechtfertigen. Das kann nur durch Kundenorientierung und hohe Kundenzufriedenheit unter dem Dach eines Qualitätsmanagements gesichert werden. Wettbewerbsvorteile entstehen durch Schnelligkeit, d. h. Geschwindigkeit im Netzausbau und in der Einführung attraktiver Mehrwertdienste.

3.4 Marktstrategie von E-Plus (E)

Da das E-Netz aus Mikrozellen besteht, sind die Entfernungen zu den Basisstationen viel geringer, als bei den D-Netzen. Hieraus kann man erkennen, daß "E-Plus" ein Netz aufgebaut hat, welches speziell für sehr kleine Handies konzipiert wurde. Weiterhin kann man sagen, daß das E-Netz vorwiegend für den privaten Bereich angeboten wird und so eine breite Masse von Menschen anspricht (Handy für jedermann).

4 Marktforschung im Mobilfunkbereich

Unter Marktforschung soll die systematische Erhebung, Analyse und Interpretation von Informationen über Gegebenheiten und Entwicklungen auf Märkten verstanden werden, um relevante Informationen für Marketing-Entscheidungen bereitzustellen.

In unserer Projektarbeit wenden wir die gegenwärtige, kombiniert mit der vorausschauenden Marktforschung an. Wir wollten z. B. erforschen, ob die jetzigen Mobiltelefonkunden mit ihrem jeweiligen Netz zufrieden sind, ob sie nach Vertragsablauf bei ihrem Netz- bzw. Service Provider bleiben und ob "Nicht-Kunden" sich in nächster Zukunft ein Handy zulegen.

4.1 Der Marktforschungsprozeß

Jede empirische Untersuchung kann als Prozeß dargestellt werden, der von der Entdeckung eines Problems über die Untersuchung bis zu den einzelnen Formen bzw. Bestandteilen der Ergebnisse der Untersuchung reicht. Im folgenden soll in sechs Phasen unterschieden werden:

1. Phase	Problemformulierung
2. Phase	Konzeptionierung
3. Phase	Datenerhebung (Feldforschung)
4. Phase	Vorbereitung der Datenauswertung
5. Phase	Datenauswertung und Interpretation
6. Phase	Erstellung des Marktforschungsberichtes

Bild: Marktforschungsprozeß

Am Beginn des Marktforschungsprozesses stehen die **Feststellung und Formulierung des Problems**, das mit Hilfe der durch die Marktforschung bereitzustellenden Informationen gelöst werden soll. Ist der erforderliche Informationsbedarf so gut wie möglich festgelegt, stellt sich die Frage nach der Festlegung des Vorgehens im Ablauf der Untersuchung. Als Ergebnis zeigt sich dann ein Konzept der Durchführung, das alle wesentlichen Schritte der Untersuchung enthält.

Der **Konzeptualisierungsphase** schließt sich die **Datenerhebungs-** oder **Feldforschungsphase** an.

Die **Auswertung der Daten** erfolgt mit Hilfe des Rechners (Tabellen, Diagramme etc.).

Im **Marktforschungsbericht** sind die Auswertung und die Ergebnisinterpretation enthalten.

4.2 Die Befragung

Unter einer Befragung versteht man eine Erhebungmethode, bei der man durch Antworten (verbal, schriftlich, usw.) Informationen von Personen über den Befragungsgegenstand erhalten will. Die Befragung gilt als die am häufigsten angewendete und am wichtigsten eingeschätzte Erhebungsmethode der Primärforschung bei Konsumenten, Industrie-, Handels- und Dienstleistungsunternehmen.

Das mündliche Interview

Durch mündliche Befragungen kann im Prinzip jede Person befragt werden. Der Interviewer stellt Fragen und hält die Antwort des Interviewten fest. Das persönliche Interview bietet dabei den Vorteil, auch komplexe Fragen stellen zu können sowie zu überprüfen, ob die gestellten Fragen auch verstanden werden. Hier liegt ein Vorteil in der Qualität der so erhobenen Daten, vorausgesetzt die Interviewer sind entsprechend ausgewählt und geschult. Die Gefahr ist jedoch gegeben, daß durch den Interviewereinfluß Verzerrungen auftreten können. Oft wirken sich auch die lange Zeitdauer und die hohen Kosten gegen eine mündliche Befragung aus. Ein wesentlicher Vorteil ist jedoch in der Regel in der hohen Antwortquote zu sehen.

Dies liegt darin begründet, daß die Verweigerungsquote bei dieser Art der Kommunikation geringer als bei anderen ist.

4.3 Marktforschungsbericht

In unserer Projektarbeit befragten wir einhundert zufällig ausgewählte Personen nach dem Besitz eines Mobilfunktelefons, nach Informationen über das genutzte Netz und nach persönlichen Daten. Wir wollen auf den folgenden Seiten die Ergebnisse, anhand von Tabellen, Diagrammen etc., veranschaulichen und kurz interpretieren.

Nach anfänglichen Schwierigkeiten verlief die Befragung reibungslos und ohne Probleme. Es wurden von uns Fragebögen für Besitzer und Nichtbesitzer von Mobilfunktelefonen erarbeitet. Im Anhang ab der Seite 33 sind die beiden Fragebögen ersichtlich.

Ergebnisdarstellung und Auswertung

Im *Diagramm 1* ist zu erkennen, wieviele der 100 Befragten Mobilfunkkunden sind:

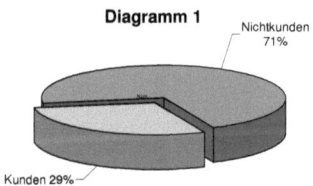

Im Folgenden (*Diagramm 2*) wird die derzeitige Aufteilung der vier Netze unter den Mobilfunknutzern dargestellt:

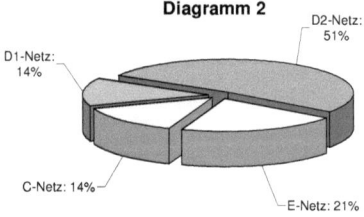

Aus dem *Diagramm 2* geht offensichtlich hervor, daß "Mannesmann Mobilfunk" mit ihrem D2-Netz mit 51% klar an der Spitze liegt. Dem ständig wachsenden E-Netz folgen dann D1- und C-Netz der "dt. Telekom AG".
Dies spricht stark für einen stetig anwachsenden Konkurrenzkampf zwischen den D-Netzen und dem PCN-Netz von E-Plus. Weiterhin sind darausfolgend sinkende Preise für die Technik und sich immer weiter verringernde Gebühren zu erwarten.

Welches Handy ?

Bei der Frage was die Kunden zum Funktelefonkauf veranlaßte, antworteten über 85% der 29 Mobilfunkkunden mit den Argumenten "berufliches Erfordernis" und "immer erreichbar sein".

Anlaß zum Kauf eines Mobilfunktelefones ?

Aus dem *Diagramm 3* geht hervor, welche Mobilfunktelefone der verschiedenen Hersteller sich im Besitz der Befragten befinden:

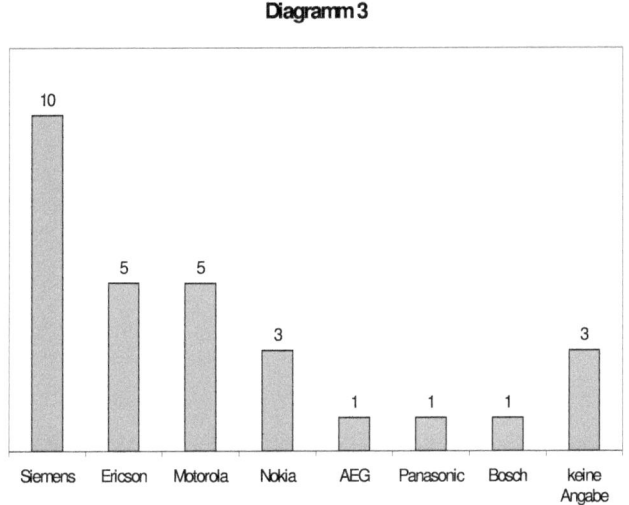

Zufriedenheit der Kunden mit ihrem Netz ?

Als sehr wichtig erschien uns die Frage nach der Zufriedenheit der Kunden mit ihrem jeweiligen Mobilfunknetz. Sie wird in den folgenden *Diagrammen 4, 5, 6* und *7* anhand der Noten I-VI, die den verschiedenen Netzen gegeben wurden, veranschaulicht:

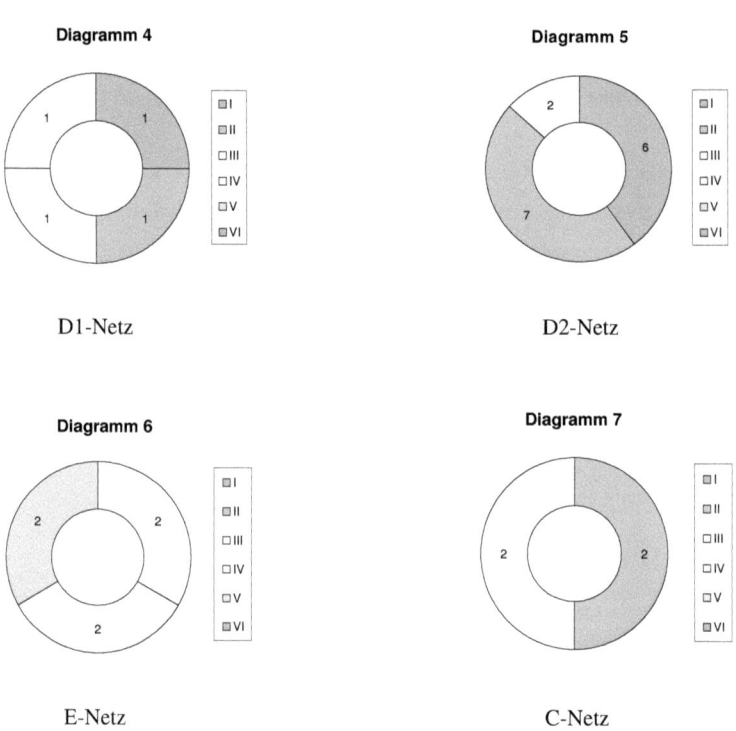

Noten, die nicht erteilt wurden, sind in den sogenannten Ringdiagrammen nicht enthalten. Beim C- und D1-Netz der "dt. Telekom AG" sind jeweils nur vier Kunden angetroffen worden. Daher sind die *Diagramme 4, 7* bzw. die Ergebnisse nicht sehr aussagekräftig. Das D2-Netz besitzt hier nicht nur die meisten Kunden, sondern diese sind mit ihrem Mobilfunknetz auch sehr zufrieden. Das E-Netz von "E-Plus" wurde mittelmäßig bis schlecht eingeschätzt. Dieses Ergebnis ist wahrscheinlich darauf zurückzuführen, daß das E-Netz hauptsächlich nur für Ballungsgebiete und private Nutzung aufgebaut wurde. In vielen wichtigen Gebieten steht das Netz überhaupt nicht zur Verfügung.

Frage, ob sich die Kunden nach Ablauf ihres Vertrages wieder für das gleiche Netz entscheiden ?

Mit "Ja" antworteten 21% der Mobilfunkkunden und 8% wollen ihr Netz nach Ablauf des Vertrages auf jeden Fall wechseln. Im *Diagramm 8* ist die Verteilung der Kunden zu sehen, die in ihrem Netz verbleiben wollen und *Diagramm 9* zeigt, in welche Netze die restlichen 8% der Mobilfunkkunden wechseln wollen:

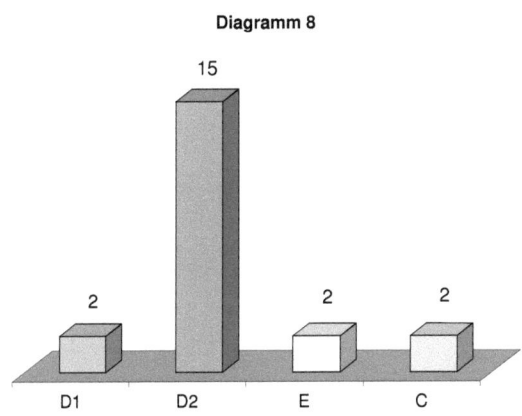

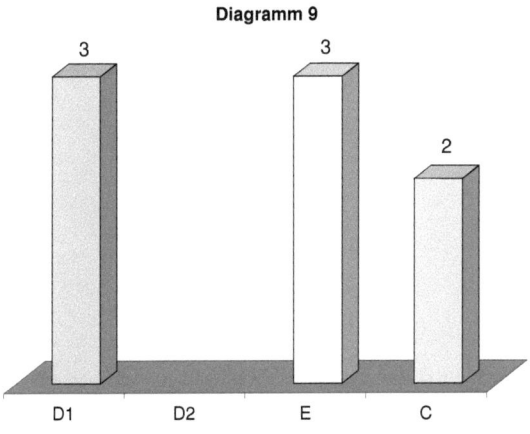

Gründe der "Flucht" in andere Netze sind zum Beispiel: Gerätefehler, schlechte Erreichbarkeit, unübersichtliche Rechnungen (E-Plus), Empfangsschwierigkeiten und zu hohe Tarife.

Weiterhin fragten wir, wie die Kunden die einzelnen Leistungen ihres betreffenden Netz-Providers beurteilen ?

Wir ließen Noten von I-VI auf folgende Rubriken vergeben:
- Empfangsbereich
- Preis/Leistung
- Service
- Hotline
- Kundenfreundlichkeit und
- Werbung

In den nun folgenden *Balkendiagrammen 10, 11, 12* und *13* ist die Anzahl der vergebenen Noten immer auf 100% verteilt:

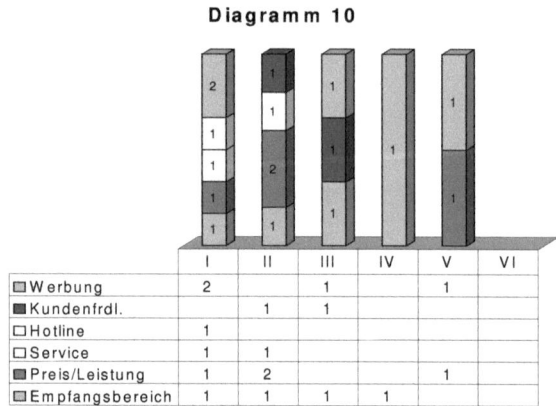

D1-Netz

Beim D1-Netz stellten wir fest, daß deren Kunden hauptsächlich mit Service, Hotline und Kundenfreundlichkeit zufrieden sind.

-Netz
Diagramm 11

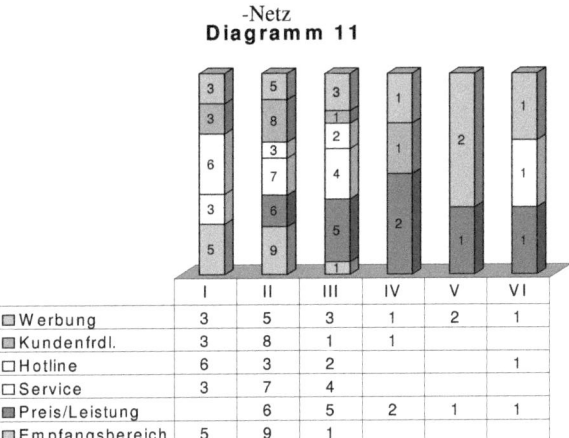

	I	II	III	IV	V	VI
☐ Werbung	3	5	3	1	2	1
☐ Kundenfrdl.	3	8	1	1		
☐ Hotline	6	3	2			1
☐ Service	3	7	4			
■ Preis/Leistung		6	5	2	1	1
☐ Empfangsbereich	5	9	1			

D2-Netz

Die D2-Kunden schätzten vor allem den Empfangsbereich und den Service als positiv ein. Nur ein Kunde scheint mit der Hotline absolut nicht zufrieden zu sein.

Diagramm 12

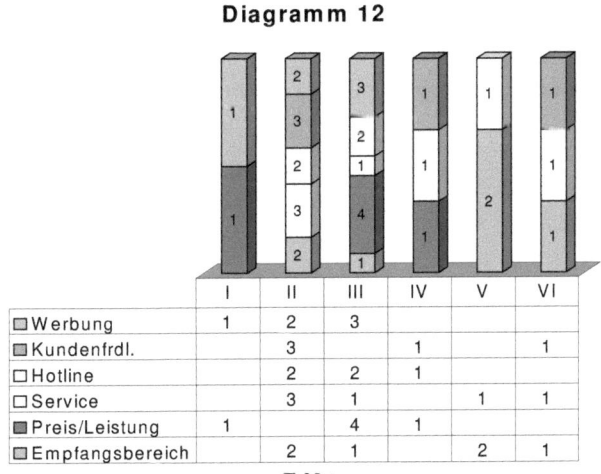

	I	II	III	IV	V	VI
☐ Werbung	1	2	3			
■ Kundenfrdl.		3		1		1
☐ Hotline		2	2	1		
☐ Service		3	1		1	1
■ Preis/Leistung	1		4	1		
☐ Empfangsbereich		2	1		2	1

E-Netz

Hier schätzten die Kunden ihr Netz kritischer ein. Die Noten sind mehr im Mittelfeld vertreten bzw. verteilt.

Diagramm 13

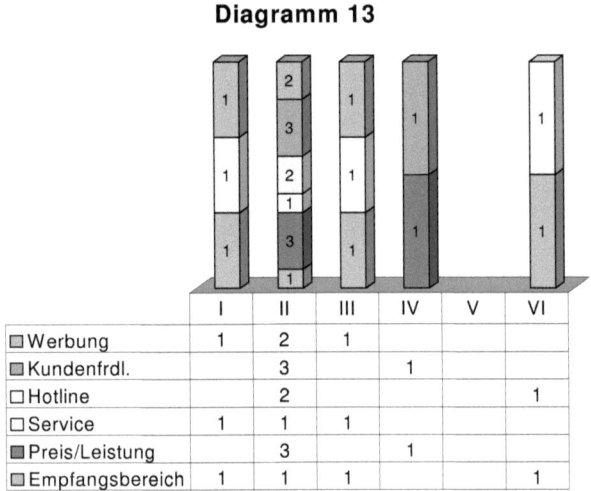

C-Netz

Insgesamt haben wir festgestellt, daß die Kunden immer anspruchsvoller werden. Sie informieren sich mehr und achten immer stärker auf Serviceleistungen und Tarifveränderungen.

Frage: Benutzen Sie ihr Handy beruflich oder privat ?

Mit dem *Diagramm 14* wird diese Frage beantwortet:

Diagramm 14

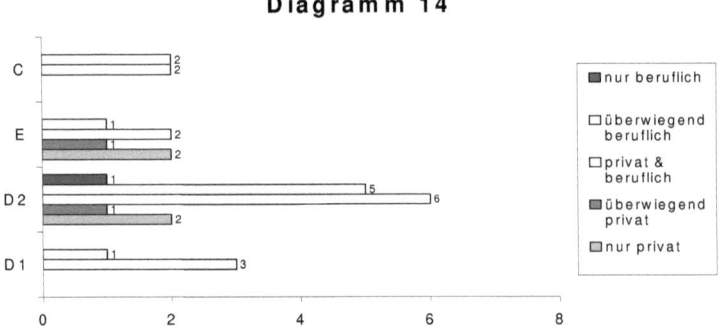

Aus dem *Diagramm 14* ist ersichtlich, daß die beiden Netze der "dt. Telekom AG" auch privat, aber überwiegend beruflich genutzt werden. Das D2-Netz dient auch größtenteils beruflichen Zwecken, es tendiert aber auch zur privaten Nutzung. Das E-Netz hingegen wird zwar auch beruflich verwendet, aber hauptsächlich ist es privat eingesetzt, wozu es in erster Linie auch entwickelt und aufgebaut wurde.

Unsere nächste Frage lautete: Welche persönlichen Prioritäten setzen Sie beim Mobiltelefonieren?

Hierbei hatten wir folgende Stichworte vorgegeben, die, je nach Wichtigkeit, angekreuzt werden sollten:
- Erreichbarkeit
- günstige Einheiten
- günstige Grundgebühr
- Bedienung vom Handy
- Bedienung der Mailbox
- Standby-Zeit
- Service
- Farbe des Telefons
- Größe (Gewicht) des Telefons

Am wichtigsten sind für den Kunden natürlich die Punkte Erreichbarkeit und günstige Gebühren. An zweiter Stelle stehen dann die Bedienung des Mobiltelefons. Ein zunehmend wichtiger Punkt ist die Standby-Zeit des Telefons. Mittlerweile gibt es welche mit über 100 Stunden Haltbarkeit des Akku's. Dann folgen auch die Größe und das Gewicht der Telefone. Keinen großen Wert wird auf die Farbe gelegt.

Welches Netz ist ihrer Meinung nach am besten ausgebaut?

Wie die Befragten antworteten ist im *Diagramm 15* zu sehen:

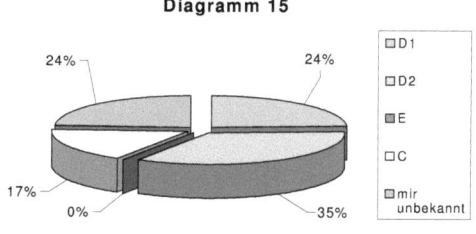

Wie aus dem Diagramm 15 zu ersehen ist, wissen die Befragten, daß man im E-Netz nicht überall erreichbar ist. Nur fünf von ihnen wissen nicht über den Ausbau der Netze bescheid.

Als nächstes befassen wir uns mit dem Problem, ob sich die Befragten über die sich ständig verändernden Tarife und Gebühren informieren:

Sehr interessant ist, daß immerhin zehn Kunden ihr Wissen selten oder gar nicht aktualisieren, gerade in unserer schnellebigen Zeit. Vierzehn der Befragten informieren sich gelegentlich und nur vier sich regelmäßig.

In der nächsten Grafik (*Diagramm 16*) ist diese Situation festgehalten:

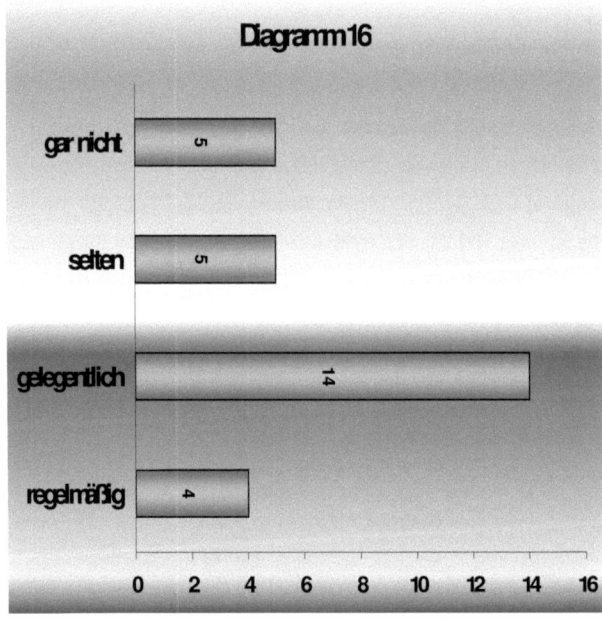

Frage: Könnten Sie folgende Begriffe erklären ?

Mit dieser Frage wollten wir das Wissen der Mobiltelefonkunden prüfen. Da der größte Teil von ihnen die Begriffe Anklopfen, Anruf parken, Rufumleitung und Mailbox erklären konnten, gingen wir davon aus, daß sie die Gebrauchsanweisung gewissenhaft studiert hatten. Nur ein kleiner Teil konnte die Schwerpunkte teilweise oder nicht erklären.

Das *Diagramm 17* zeigt das genaue Ergebnis:

Diagramm 17

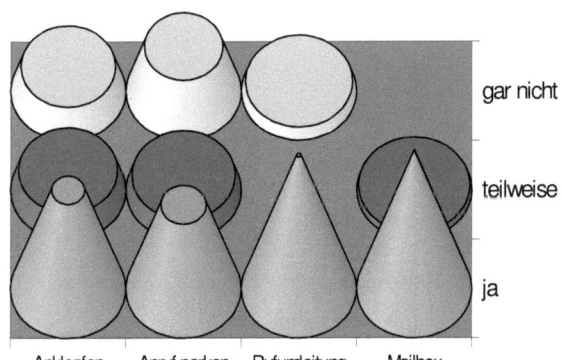

	Anklopfen	Anruf parken	Rufumleitung	Mailbox
ja	20	17	27	28
teilweise	4	3		1
gar nicht	5	9	2	

Wie hoch ist Ihre monatliche Telefonrechnung ungefähr ?

Das *Diagramm 18* zeigt, wieviel Geld die Befragten vertelefonieren:

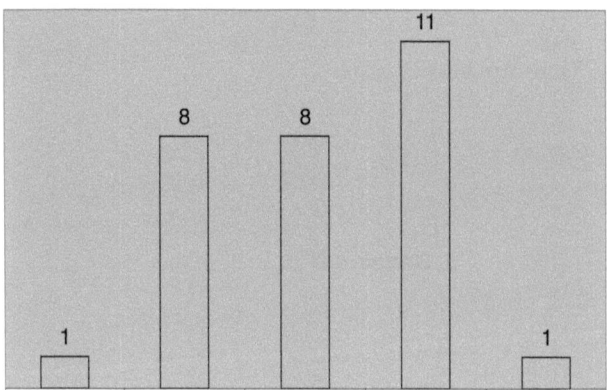

Frage an die 71 Nichtkunden: Haben Sie vor, sich in nächster Zeit ein Mobilfunktelefon zuzulegen ?

Erstaunlich wenige der Befragten wollen in Zukunft Kunde werden. Zehn Menschen wollen, wissen aber noch nicht genau wann.

- 1997 --------- 7 Personen
- 1998 --------- 1 Person
- 1999 --------- 2 Personen

Insgesamt wollen also von 71 nur 20 Befragte Mobiltelefonkunde werden. Wir hätten eigentlich gerade bei dieser Frage mehr erwartet.

Frage zu persönlichen Daten:

Von den insgesamt 100 Befragten sind 38 weiblich und 62 männlich. Wir sprachen Personen aus den unterschiedlichsten Berufsgruppen an, vom Studenten über Lebensmittelverkäufer bis hin zum Steuerberater an. Die häufigsten Altersgruppen waren Menschen zwischen 21 bis 25 und 31 bis 40 Jahren.

Fazit:

Wir waren bei vielen Antworten positiv überrascht und auch oft erstaunt, aber wir konnten trotzdem feststellen, daß sich der Mobilkommunikationsmarkt sehr schnell und gut entwickelt hat. Er wird sich in nächster Zukunft noch stark verändern, vor allem, wenn 1998 auch noch das geplante E2-Netz auf dem Markt erscheint. Dann wird es nicht nur den "externen" Konkurrenzkampf zwischen den D- und E-Netzen, sondern auch den "internen" zwischen den E-Netzen geben. Diese Situation wird sich vor allem positiv in der Preisentwicklung der Technik (Geräte, Zubehör) und in der Veränderung der Grund- und Gesprächsgebühren auswirken.

Wir hoffen, daß die Leser unserer Projektarbeit diese genauso interessant finden, wie deren Bearbeitung für uns war.

5 Schlußbemerkungen

Schon heute sehen viele Mobiltelefone als Arbeitsmittel und nicht mehr als Statussymbol. Mit zunehmender Freizeitgesellschaft wird sich das Telefonverhalten in Deutschland weiter ändern. Durch die Abwesenheitsrate von dem geschäftlichen oder heimatlichen festen Telefonanschluß wird die Nachfrage nach Mobilfunk immer stärker. Ein fairer Wettbewerb, ein kundenorientiertes Vertriebssystem, ein marktgerechtes Preis-/Leistungsverhältnis und anwenderfreundliche Dienstleistungspakete werden auch in Deutschland den Mobilfunk zu einem breit eingesetzten Kommunikationsmittel in den 90er Jahren machen. Dabei werden voraussichtlich alle Netzbetreiber voneinander profitieren und sich gegenseitig zu immer neuen Marktanstrengungen veranlassen, was im Interesse aller Kunden liegt.

6 Literaturverzeichnis

[1] Kruse, J.: Zellularer Mobilfunk, R v. Decker's Verlag, G. Schenck GmbH, Heidelberg 1992.

[2] Lobensommer, H.: Die Technik der modernen Mobilkommunikation, Franzis-Verlag GmbH, München 1994.

[3] Bräuer, R.: Alles über schnurlose Telefone und Nebenstellenanlagen, Franzis-Verlag GmbH, Poing 1995.

[4] Eberhardt u. Franz: Mobilfunknetze,

[5] Miserre, R.: Mobiler Datenfunk,

[6] Berekoven, L.: Marktforschung, 6. Aktualisierte Auflage, Gabler Verlag, Wiesbaden 1993.

[7] Weis, H.-C.: Marktforschung, 2. überarb. und erw. Auflage, Friedrich Kiehl Verlag GmbH, Ludwigshafen (Rhein) 1991.